猫ぎゅうぎゅう詰め川柳

株式会社伝統みらい
ねこ事業部・監修

JN108972

新葉館出版

私は、ネコが好きです。
名も無きネコたち、野良ちゃんたちも大好きです。
ネコたちを見つけると、どこでも海外であろうとも声をかけてしまいます。
この本を出版しようと思ったきっかけは、ネコ好きだからです、この一言につきます。

ネコたちを見ていると
かわいくて
温かくて
やさしくて
そしてほっこりできる
私たち人間をなごませてくれます。

多くのネコたちの写真を集めれば、同様に多くの方になごみを届けることができると思いました。

多くのネコたちにスポットライトを浴びてもらい、生きていた証を想い出として残したいと思います。
でも写真だけでは何かもの足りない。

はじめに

写真に日本古来からの文化である川柳をコラボさせることを思いつきました。

川柳には、俳句のような季語は必要ありません。

川柳には「や」「かな」「けり」などの切れ字は不要で、文語表現でなく口語表現でもいい。

これが川柳です。　自由さがあります。

なんだかネコと通ずるものがあると思われませんか？


そこでネコと川柳をコラボさせて〝なごみ〟とユーモアを加えれば皆さんにクスッと笑っていただけると考えました。


たくさんの方々から写真を提供いただきました。

載せるか載せないか悩みました。　悩み抜きました。

えいっ！　と詰め込みました。

ぎゅうぎゅうと詰め込みました。

それが本のタイトルになりました。


ネコたちの写真と川柳で皆さんが笑顔になられることを願っております。

おおたともこ

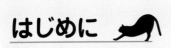

CONTENTS

はじめに …… 2

しんのすけくん日記 …… 15
自然体　わがまま　無口 …… 16
意味がわかると切ないお話 …… 28
難産な、たろうくん …… 30
ねこの研究／その1 …… 32
きっかけ …… 34
ねこの出産 …… 39
トルコの学会に参加 …… 44
ねこの研究／その2 …… 53
I like cat.の真実 …… 57
たぬきと弁護士 …… 63
マルタねこ …… 64
猫と気球と …… 78
ネコドローン …… 78
母から聞いた“ねこ話”① …… 81
不幸体質？ ぽん太くん …… 85
母から聞いた“ねこ話”② …… 86
小さな頃、動物たちと …… 88

あとがき …… 94

エッセイ／おおたともこ

この本は、ねこちゃんの視点中心で作られています（もちろん想像して）。
※広く一般のねこちゃんを募集しました。

ねこちゃんの名前·写真の下にあるお名前は飼い主さんや撮影者さんのお名前です。
川柳の作者と飼い主さんは同一ではない場合があります。

猫ぎゅうぎゅう

詰め川柳

いつだって
ぎゅうぎゅう詰めで
いる僕ら

（愛知・白玉ロニエ）

（写真2枚とも／あおい）

毛づくろい
世にも奇妙な
顔をして

（高知・もふもふ堂）

にゃにゃ

（あおい）

野良だもの今日も今日とてソロキャンプ

（神奈川・阿部紀子）

キュー

（阿部紀子）

10年くらい前に野良猫が増えて近所の人達と保護しました。9番目でしたのでキューです。食事は我家に来ますが家猫になる気はありません。キャンプ場は季節によって好みの場所があるようですが誰も知りません。

はる

（阿部紀子）

争いに勝って俺様ビッグボス

（神奈川・阿部紀子）

賢い母猫に連れられて野良になっていたので我が家でひきとりました。ビッグボスだと思っているのは自分だけであまり強くありません。近頃は猫も家から出てはいけないし喧嘩相手も減ってしまい寂しいかぎりです。

チャチャ（5歳）

（ちゃれん）

生まれて2日後に手足火傷で血だらけ、親おらずのところを発見し保護。栄養失調で危ないところだったと先生に言われた子、大事に大事に育てたら、ほんと立派な体型になりました。

太ったね？
それはお前も
同じやろ

（大阪・ちゃれん）

トラゴロウ

（青森・その後の兎）

「ご飯、まァ～だ？」
生後間もなく、スーパーのレジ袋に入れられ、捨てられていたトラゴロウ。
２か月経っても自力では飲めず、毎回、子猫専用の哺乳瓶で授乳しました。
食事の後は気に入りのざぶとんで〝ごめん寝〟でした。

お迎えに
来ました
散歩しませんか？

（栃木・チコるん）

メル

キジオ

パパよりも
大きいでしょと
背伸びする

（山形・さらさ）

（写真2枚とも／ゆかりん）

クロちゃん

（しん）

はよ拾え
僕はあなたの
招き猫

（山田ゆうと）

人けがなくなる夜、公園ベンチに現れる
地域ネコ？ 野良ちゃん？

良かったね
同じお家に
引き取られ

（静岡・すかいうぉーかー）

（じゅん）

椅子の上独禁法を避けている

（高知・もふもふ堂）

てる：
真っ白のオッドアイ。
しっぽが血まみれで歩いていたねこちゃんなので、テールからとった「てる」。

えん：
たくさんの人とのご縁があって家にきたので「えん」。

カム：
保護した時、噛みついたから「カム」と名付けられました。

（写真2枚とも／千里）

（ちえ）

国境を
越えない知恵が
猫にある

（神奈川・艶競）

近所の駐車場は猫のたまり場になっている。区画ごとに一匹ずつの猫がいて、白線の意味が分かっているように見えた。人間も見習おう。（艶競）

しんのすけくん日記

月　日（　）

しんのすけくんは、19歳。人間でいうと94歳くらい。

ある日、家の廊下を歩いている様子を見ると腰が痛そうだ。

いつもの動物病院で診てもらうと人間と同じように腰の骨が歪んできているという。

そこで電気をあててもらうと気持ちよさそうにしていた。

結果、毎週電気をあてにいくことになってしまった…（意外と高い）。

腰痛い　電気治療を　ありがとう

（おおちゃん）

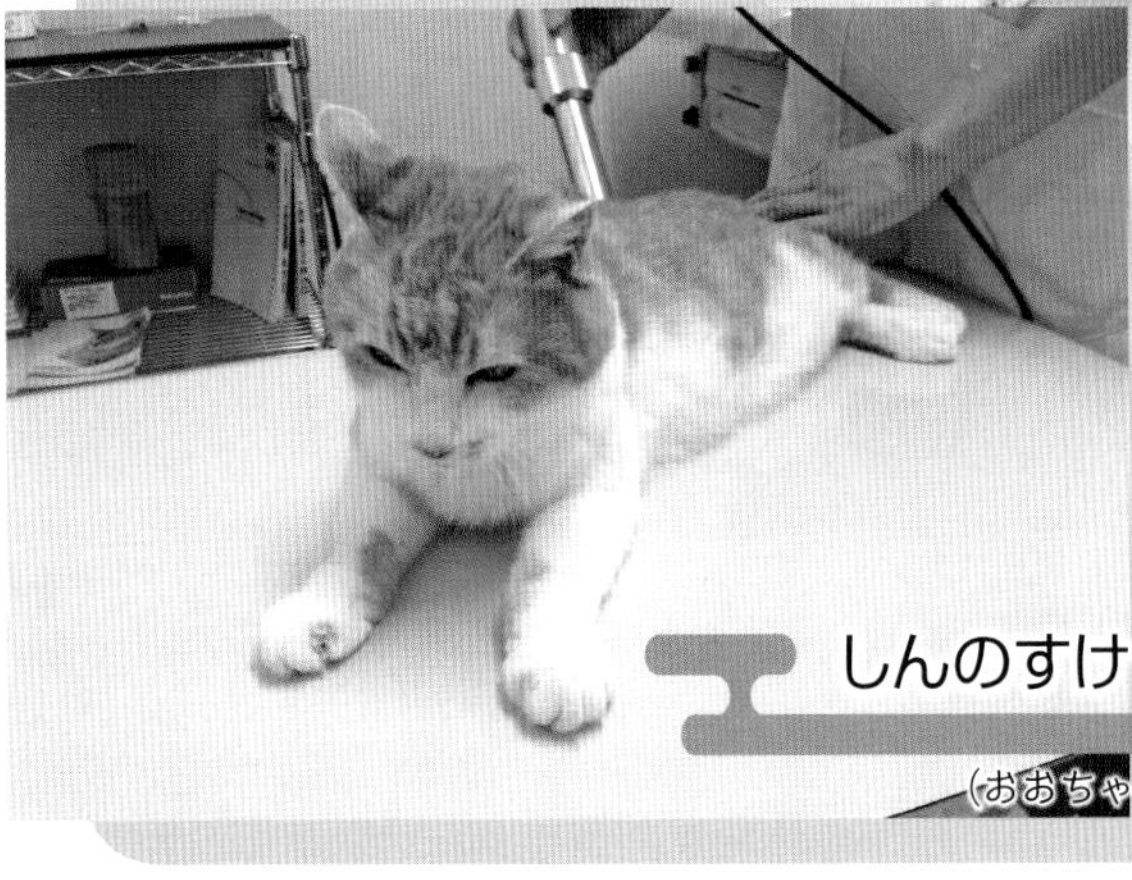

しんのすけ

（おおちゃん）

心配ですか
大きくなって
みせますよ

（奈良・マロン＆ルル）

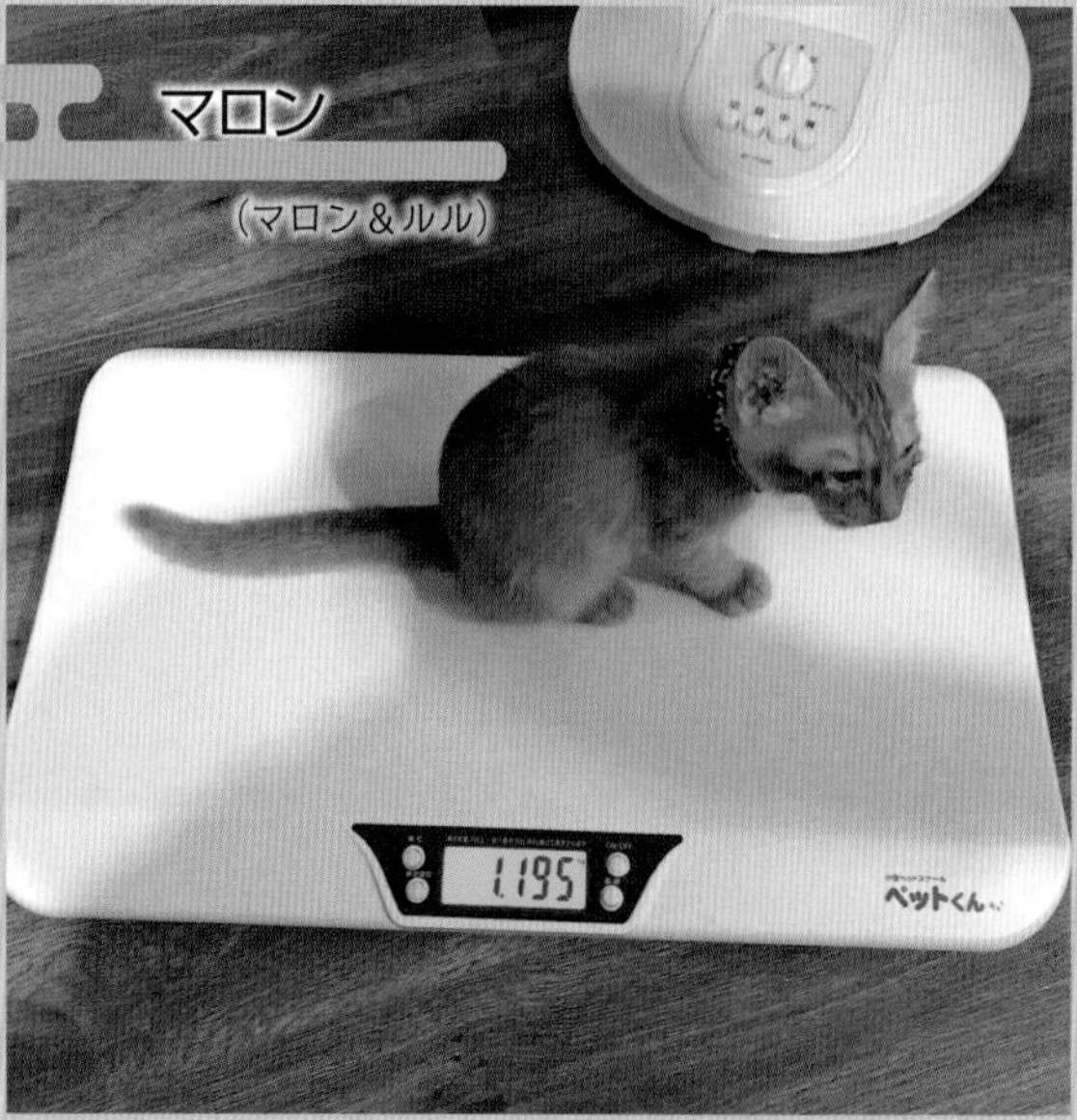

保護猫施設でひとめぼれ。茶トラのマロン、生後３か月のオス。

自然体　わがまま　無口

ねこの特徴。見習うべきところはある。
ねこのように生きられたら楽かも。
誰にも媚びないし、あまりべたべたしてこないのもいい。
ツンデレ。すべての状況を受け入れる。

ありがとにゃ
ボンネットから
見つけてくれて

（滋賀・きみえ）

みーや

（きみえ）

赤ちゃん野良猫みーや0歳。

健やかな
寝息にそよぐ
お顔の毛

（さち）

たぬきちゃん

（いわちゃん）

大好きな
ママも
どこかで
見てる月

（沖縄・美ら小雪）

こまち

（美ら小雪）

台風の日にママ猫が玄関先でこまちを咥えてたたずんでいたので、家に入れてあげてから家族になりました。ママ猫は気を遣ってかうちへ入ろうとしなかったんです。どこかにいるママを思っているようなこまちの姿です。

いいじゃない
もういい加減
ここの子だ
（広島・紀子）

近所の飼い猫？　野良猫？　地域猫？
判らないけど、少しずつ我が家に入って来ている猫。
我が家は猫アレルギーの夫がいてなかなか飼いきれない。
悩ましいな～。（紀子）

飼い主と
景色見るのも
あと少し
（山口・坂本加代）

（坂本加代）

パソコンをしているとよく膝の上に飛び乗ってきていましたが、老いてその力もなくなり、ぼおっと外を眺めるようになりました。毛並みもごつごつガサガサになり、死期が迫っているのを感じている頃の写真です。

ヘルパーさんが骨折で休んでいる時に〝今日のミーちゃん〟って送っていたのでアップの写真ばっかり！
出会いは彼が出先の途中で公園で見つけてきました。
メスの猫が欲しかったのでメスだと思い込んでミーちゃんと名付けましたが獣医さんにオスだと言われました…子供の頃は判断しづらいそうで…（汗）

※しのぶさんは脊髄小脳変性症という難病。
「1リットルの涙」の主人公とおなじ病気です。

ミーちゃん

（しのぶ）

カム

（千里）

それぞれのアンモニャイトで夢心地

（愛知・白玉ロニエ）

えん

（千里）

くろ（2代目）

てる

（千里）

ねこねむる
まんまる平和
あるところ
（山口・有海静枝）

モコ
（有海静枝）

モコ13歳メス。
安心して寝ている日々がずっと当たり前でありますように。

にゃにゃ

ノノ
（あおい）

姫

小太郎

（じゅん）

吾が輩は
ヒトが下僕の
王である

（神奈川・入り江わに）

お姫様四号

友人の猫「お姫様四号」です。いつも悠然としている高貴な猫です。

肩の上　このポジションを　守り抜く

（千葉・写楽）

きなこ

きなこはラガマフィンの女の子、ブリーダーさんからの保護猫で来た日から抱っこをせがみ、めっちゃめっちゃ人懐こい子です♪

まりも

きなこ

まりもはスコティッシュフォールドの男の子です。我が家にいる他のねこと同じブリーダーさんから保護されてきました。
来た時はなかなか人馴れせず、馴れるまで２か月くらいかかりました。今では抱っこ大好きな甘えん坊です。

（写真2枚と文／えみごん）

「もこ」13歳メス。これ以上、太らないようにって獣医さんに言われたので、ねたまんまヨガをやってます。ウソだにゃん。

もふもふにシックスパッドにあわない

（山口・有海静枝）

もこ

（有海静枝）

保護猫に少し残っている怯え

（京都・西山竹里）

ナノ

（西山竹里）

生後2か月くらいの時、保護猫の譲渡会でもらってきました。連れて帰る時に、うちの子に抱かれている姿です。捨てられていた時の記憶からか、瞳に少し怯えが残っているように見えます。

給料日らしい
中トロ
買って来た

（千葉・日野裕子）

もも

（日野裕子）

どういうわけか、高いお刺身とそうでないお刺身がわかってしまうようです。真っ先にバクバク食べるのは決まって高いお刺身なのです。

元野良のプライド
お世辞なら
要らぬ

（島根・猫の子れんれん）

ホーリーニャ

（D）

ほっけ

（まつ）

全国ドヤ猫選手権大会開催!?

そうですねすべてはねこのためにある
わがやではいちばんえらいねこさまが
わがこよりかねをかけられしねこである

（兵庫・山田貴裕）

「みぃちゃん」
当時11歳　メス　キジトラ

（山田貴裕）

ある年、イタリアのサレルノという町で学会に参加した。

ホテルの前が海で、ボートでアマルフィ海岸に渡ったりするなど学会とはいえ、ポンペイの遺跡も訪れる予定で南イタリアを楽しんでいた。

学会の発表のあいまに雑談していると日本から携帯に電話がかかってきた。

マンションの管理人さんからだ。

聞くとマンションのエントランスに猫が2日くらいうずくまっていると言う。

「お宅の猫ではないか？　とら猫で妊娠しているみたいだ」

当時、マンションの3階に住んでいたが、閉じ込めると猫がかわいそうに思い、ベランダを開けておいたのだ。

「はい、私の猫です。妊娠はしていないと思います。雄ですから」

いつも行く動物病院に帰国まであずかってもらうことになり事なきを得た。

学会での話題のひとつになった。

保護猫にやっと巡ってきた安堵

（京都・西山竹里）

ナノ

ニコ

（西山竹里）

保護猫の譲渡会でもらってきた「ニコ」5歳（下）と「ナノ」（上）3歳。どちらもメス。保護された時には栄養失調状態だったニコも、とても小さかったナノも、どちらも元気に大きくなりました。後輩のナノは勝ち気で、ニコを追い回すことも。でも、走り回った後は、こんな感じです。

いつからかバイクのシートを乾かしていたら毎朝、ベランダに野良ちゃんが寝に来るようになりました。

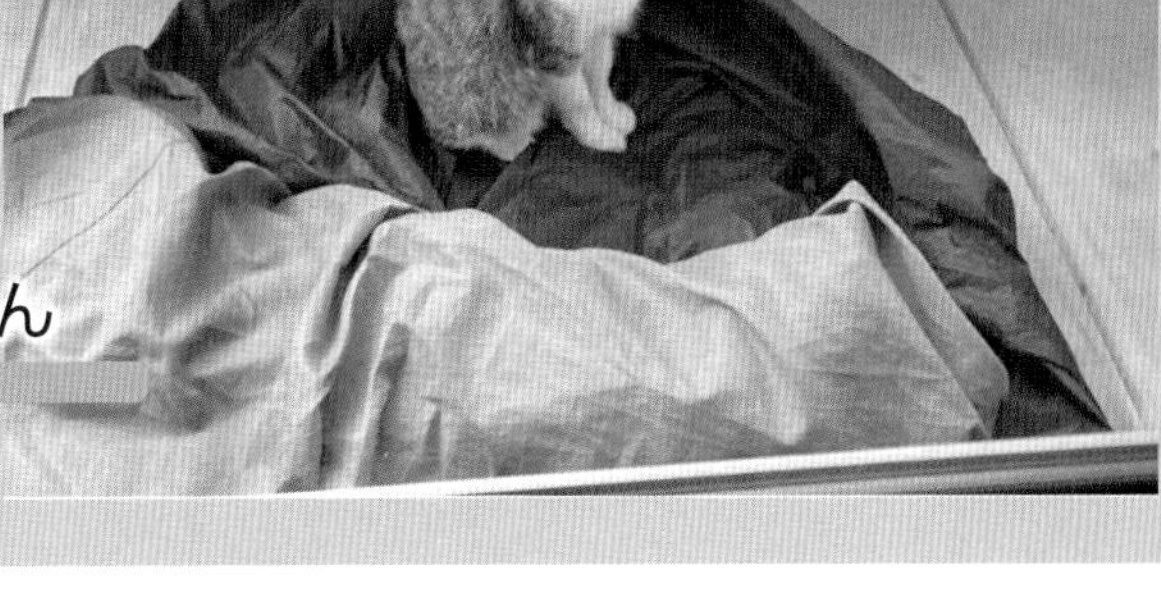

タマちゃん

（しん）

難産な、たろうくん

たろうくん（本名：しんたろう）は、太っている。
そのためウンチをするとき立って気張る。
しかし、なかなかでない。
週に1回は病院で出してもらう。
嫌がっているがしかたがない。

これなあに？
見たらわかるよ
ぼくネコです
（おおちゃん）

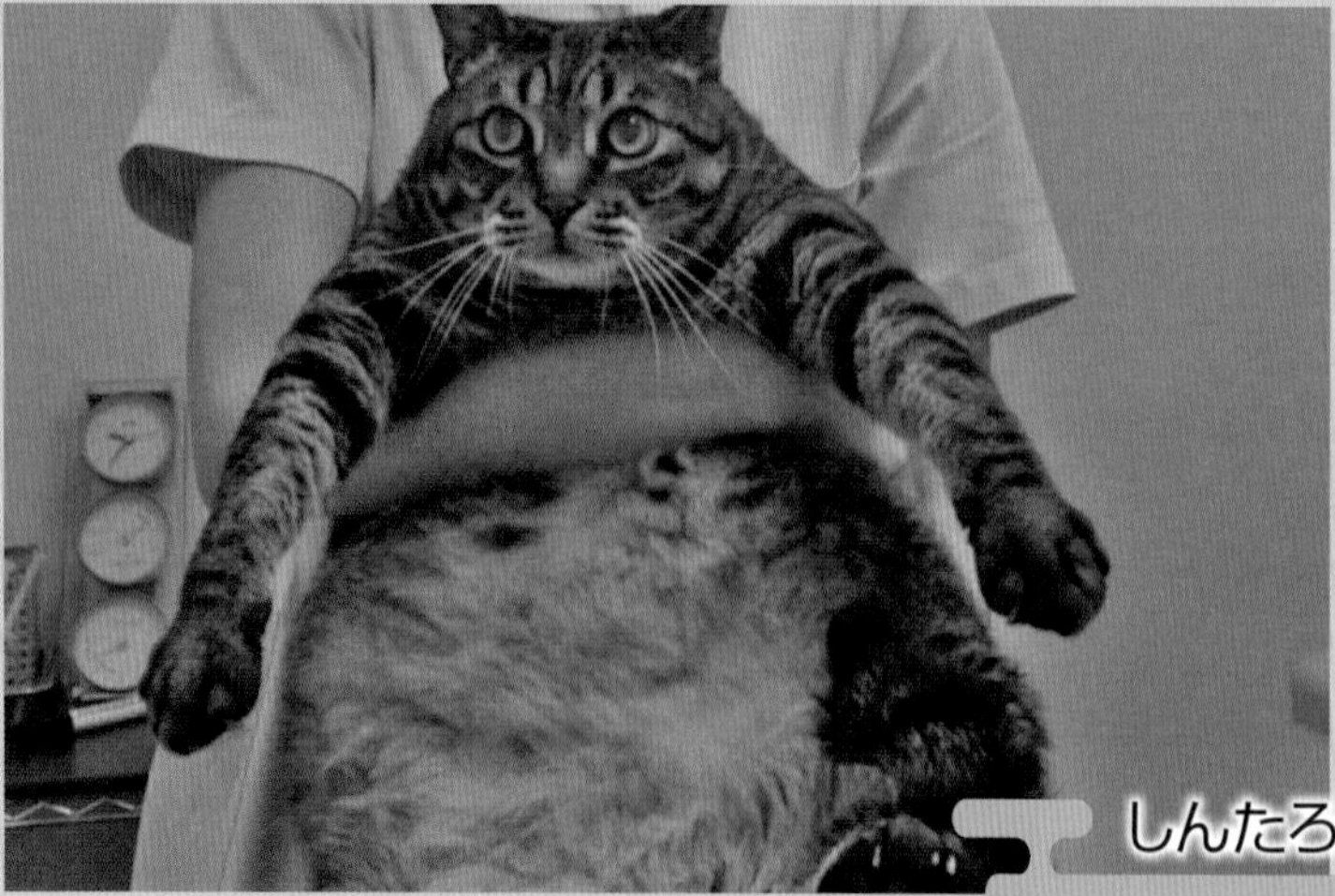

しんたろう
（おおちゃん）

しんたろう

自分のお家の庭なのにすくんでいます。

ニャルソック
危機センサーは
良好にゃ
（愛）

カエルより
ぼくの姿が
りりしいぞ
（おおちゃん）

しんのすけ

（写真2枚ともおおちゃん）

コピー機の
上はどかない
渡さない

（愛知・白玉ロニエ）

ムギュー

（タケ）

ねこの研究／その１

実は、私のライフワークとしていろいろな研究をしています。例えば、早く走れる馬は、どこを見て判断すればいいか？ の延長線としてねこの場合は、いやしてくれるねこ、性格の悪いねこ、いじめっ子のねこ、ぶりっこのねこ、ポジティブなねこ、睡眠時間が長いねこ…たくさん研究できそうです。

猫の手を借りたいのならさぁどうぞ

（茨城・おすしが好き）

にゃにゃ

（あおい）

メルちゃん

（ゆかりん）

きっかけ

ねこちゃんが大好きなので山のようにねこちゃん写真集やねこちゃんに関連するイラスト集、絵画などを国内外問わず、ついつい買い集めてしまいます。ときどき眺めてはくつろいでいますが、このねこちゃんたちは、どんな気持ちなのかな？　などと考えたのもこの本を出すきっかけでした。

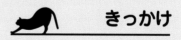

（だーうぇ）

猫缶を
開ける音だけ
即反射

（愛知・白玉ロニエ）

カパッ

（だーうえ）

ねこの出産

一度だけ、ねこの出産に立ち会ったことがあります。立ち会ったというより偶然、見てしまったと言ったほうが正しいかもしれません。

家にときどき遊びに来ていたミケネコを両親に隠れて自分の部屋に入れていました。ある日、そろそろ寝ようと思ってベッドのふとんをめくるとなんとそのミケが出産中。透明の袋に入った子猫が2匹、息をしているのかもわからない状態。まだ高校生だったので怖くなってそのまま部屋をでました。1時間くらいたって見に行くと4匹の子猫がミケからミルクを飲んでいたのでホッとしました。やはり出産直後から、立ち会うと可愛さもひとしおです。

その日は、ミケに一晩ベッドをお貸ししました。両親に怒られた上に寝不足でしたが…。

（写真／だーうえ）

人も猫も
寝ているときは
平和です

サクラ・ダン・三四郎・マメ

僕たちはみんな捨て猫です。拾われて大切にされ、のびのびと日々を送っています。飼い主さんも僕たちも高齢者だから労りあって仲良く暮らしていますよ。若い時は気の合わない奴とはフーフー言ってケンカしてたんだ。今はもう歳だからケンカはしません。寝ていることが多いかな。おやつのちゅーるが楽しみの一つです。マメも三四郎も天国に行っちゃって今はサクラと僕（ダン）だけの静かな日々なのです。

とりあえず
平和そうには
暮らしてる

（写真２枚・川柳／北海道・髙橋くるみ）

吾輩は
野良猫だけど
文句ある？

（兵庫・濱邉稲佐岳）

ニャン子（写真は母親）

（濱邉稲佐岳）

5、6年前から我が家に居ついてしまった野良猫5匹。母親と、その娘、そして孫の3匹。名前は面倒だからら全て「ニャン子」と呼んでいます。私は飼いたいのですが、妻は嫌がります。それなのにキャットフードを買ってきて朝晩の2回与えています。外で飼っている家猫ですが、ご近所には内緒です。今日も妻が造った庭で遊び回っているニャン子達を見ていると実に癒やされます。

ご主人様
そんなにボクが
かわいいか

（千葉・勝又康之）

モグちゃん

（勝又康之）

モグラに似ているのでモグちゃん。

ぽとぽとと
猫のしずくが
落ちている

（山形・さらさ）

しんたろう
（おおちゃん）

キンちゃん
（橋口よしこ）

ホーリーニャ
（D）

ムギュー
（タケ）

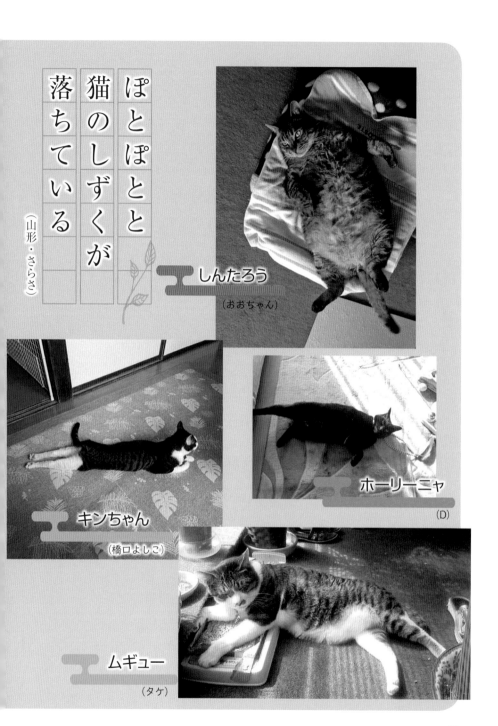

今日も落ちてます――

しんたろう
（おおちゃん）

フローリング
モップ代りに
使うなよ
（兵庫・野口 龍）

ブー
（野口 龍）

大雪の朝、見かけぬ猫がガレージにいると家内が言うので玄関を開けると勢いよく駆け込んで来てそのまま我が家に大きな顔をして住んでいる。一応、交番にも届けたが飼い主は見つからず。こんな態度のでかい猫誰が飼うんや！

トルコの学会に参加

イスタンブールから1時間くらい離れた大学で学会がありました。

ねこがキャンパスをウロウロ。教室にも平気で入ってきます。

学食でも足元で寝転がってくつろいでいました。

ちなみにその大学ではキャンパスでBMWが販売されていたのにも驚きましたが・・・。

イスタンブールのブティックや雑貨店の入り口にも何匹かの猫がくつろいでいたので、トルコ人が猫に優しいのを実感しました。

トルコで出会った猫たち

我が家には
ライオンキング
2匹いる

（静岡・すかいうぉーかー）

左:ジロウサン
右·キンちゃん

ジロウサン

キンちゃん

愛犬を亡くしペットロスで悲しみのドン底でした。３年間泣いて泣いてある日、ひょっこり可愛い2人に出会いました。
真っ暗だった毎日に太陽が昇り希望のある未来を再び描くことが出来るようになりました。
家族になってくれてありがとう。

（橋口よしこ）

（写真2枚とも橋口よしこ）

◎たぬきちゃんのかわいいエピソード色々
お風呂の縁にジャンプして湯船にドボンとはまりました。
テンピュールの枕と布団が大好きで、寝る前に必ず占領します。
妻には噛まないのに僕には噛みます。
外出する時には必ず玄関まで見送りに来てくれます。

たぬきちゃん

（いわちゃん）

たぬき似の天使のキミに夢中です

（島根・猫の子れんれん）

ハレルニャ

（D）

新入りは
場所を取るのも
遠慮がち

（栃木・チコるん）

猫年も
あったらいいな
猫ブーム

（東京・渡辺世潮）

ひかる

（渡辺世潮）

美猫でしたので光源氏にあやかり「ひかる」と命名。2022年春、12歳10か月で病死してしまいましたが、元は野良ちゃんの保護猫で、生後4か月のとき私ども老夫婦が譲り受け、私どもと仲良く暮らしておりました。病死は本当に残念でなりません。今も毎日、ひかるの遺影と遺骨の前で手を合わせております。

神様に
届くと良いね
願い事

（京都・上坊幹子）

かなちゃん

（上坊幹子）

近所の開運不動尊 正覚院に住む「のぞみ・かなえ・たまえ」の元捨て猫のかなちゃん。女の子。
望みを叶えてくれるのだ。
人懐っこい美人猫。人間には見えないものが見えるらしい。

猫だって
酒を飲みたい
時がある

（奈良・東 定生）

ニーニャ

（東定生）

淡路島からやってきた「ニーニャ」15歳。
猫の気持ちを代弁しました。

オレ様と
キャットタワーが
密ですね

（山形・さらさ）

酒井めかぶ

（ちーちゃん）

気位の高い雌猫知らんぷり

（埼玉・福富雅律華）

スキンブル・シャンクス

（福富雅律華）

姪の飼っている猫で名前はスキンブル・シャンクス。劇団四季の「キャッツ」に出てくる耳の垂れた猫です。スコティッシュフォールドという珍しい種です。よく聞いたら男の子だとのこと。

姫

小太郎

最初は1匹のつもりが、ブリーダーさんのところで兄弟を見て2匹とも連れてかえることになりました。

（じゅん）

シェーじゃない
フィギュア男子と
言って欲し

（茨城・おすしが好き）

ジロウさん

（橋口よしこ）

ねこの研究／その2

人間の心拍を図ることでどのくらいリラックスしているか？ も研究しています。

ラリードライバーの走行中、お茶会のあとで…などなど。

ねこちゃんを抱っこしたらどれくらいリラックスできるか、というデータも取ってみたいです。

そして、ねこちゃんがどんなとき一番リラックスしているかというデータも重要です。

電話とる
前に頭を
撫でなさい

（千葉・写楽）

ムギュー
（タケ）

人間の
飲んでる水が
うまそうで

（高知・もふもふ堂）

キジオ
（ゆかり）

大注目！
視線の先は
Gだった

（京都・こんちくわ）

暑さ和らいだ夜、網戸にしていたら大きめの虫が入ってきました。猫たちは照明の周りに集まり物凄い勢いで目と首を動かしていたので「…虫か…」と気づきました。この時コンタクトもメガネもしていなかったので、なんの虫か分からず…「頼む！ 蛾かカブトであってくれ！」と 切実に祈り、眼鏡をかけたら大きなGでした…。
（※G＝ゴキブリ）

ちくわ

（こんちくわ）

気にするな
入りませんよ
居るだけや

（大阪・ちゃれん）

レン（3歳）

（ちゃれん）

自分の名前をかわいい♡と思っている。

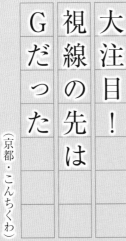

駆け出しの
内は暫く
猫でいる

（福岡・平本つね子）

キンちゃん

ジロウさん

（橋口よしこ）

ノノ

にゃにゃ

（あおい）

酒井めかぶ

（ちーちゃん）

猫様の視界で人が暮らしてる

（愛知・白玉ロニエ）

I like cat.の真実

「I like cat.」　訳：私は猫肉が好きです。

英会話を勉強したとき、このようなフレーズで注意されました。

正しくは、「I like cats.」。

（だーうえ）

見かけない
顔だな
俺の縄張りに

（高知・もふもふ堂）

ボス猫の
視線の先に
敵がいる

（高知・もふもふ堂）

（だーうえ）

人間が
俺の動画で
飯を食い

（千葉・日野裕子）

もも
（日野裕子）

投稿した動画サイトの収益の一部はぜひ！高くておいしいご飯を買ってあげてください。

招き猫
寝ながら福を
招いてる

（奈良・こはりつよし）

プリ
（こはりつよし）

10年前、死期を悟って裏山に消えました。

ヤバい場所
俺が偵察
感謝しろ

（広島・らおう）

酒井めかぶ

（ちーちゃん）

たぬきちゃん

（いわちゃん）

たぬきと弁護士

隣のオフィスの弁護士とのお話。
ねこを膝に抱きながら仕事をするとはかどるよね。
家では、「たぬき」を抱いておられるみたいです。

マルタねこ

マルタ島に行ったとき、ねこがいっぱいいました。さすが「猫協会」がある国だな、と思いました。
いつかは、「マルタ猫協会」に参加したいと考えています。

（沖縄・美ら小雪）

家政婦も猫も見ていた痴話喧嘩

（岡山・八木 五十八）

猫の名前「みぃ」3歳
父を斎場で送っている時に現れた。

（八木五十八）

人の世に
つかず離れず
猫の道

（福島・白瀬白洞）

道夫君

（白瀬白洞）

京都に住んでいた時の街猫「道夫君」。
とにかくゴーイングマイウェイの姿でした。

カゴの中
うまく隠れた
つもりかな

（大阪・大野匡）

たまも

（えみごん）

スコティッシュフォールドの女の子です。ブリーダーさんからの保護猫です。ずっとリードに繋がれていたので、最初は高い所に登れませんでした…。とっても甘えん坊で可愛い子です♥

野良だった
日を忘れない
自立心

（大阪・佐々木こう子）

ニャンコ（5歳）

（佐々木こう子）

生後3か月ぐらいの野良が、我が家の家族になった。
野良だったので、外が大好き、たまに葉陰に隠れて
雀を狙っていたりする。現在9歳・雄。

老猫の
後姿の
もの思い

（山口・坂本加代）

ミーちゃん

（坂本加代）

私が呼ぶ名前「ミーちゃん」。家族2人は「猫」と呼ぶ。
我が家に捨てられて23年、老衰で2022年7月24日死去。
長生きをしたと思う。
静御前という別名があるほどほとんど鳴かない猫だった。

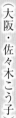

プーコ

猫の名前はプーコ。
オス猫だけどプーコです（笑）
（絵本作家・のぶみ）

定番の
仕事欠かさぬ
眠り猫

（福島・白瀬白洞）

あるお寺さんに住み着いている猫住職。いつ行っても日向でひたすら居眠りを楽しんでいる。（白瀬白洞）

幼虫の
姿が1番
やすらぐの

（京都・こんちくわ）

（こんちくわ）

くるみ(16歳､避妊済)
あまり人懐っこいとは言えない猫ですが寝ている姿は何時も幼虫スタイル。
前足で目を隠して眩しさをガードしているのがポイントです。

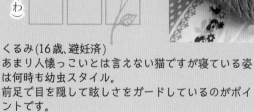

愛猫の介護に込める二十年

（千葉・日野裕子）

もも

（日野裕子）

2022年初夏、子猫の時に保護した猫が21歳で亡くなりました。最後の数日は寝たきりに。約20年間のいろいろな出来事を思い出しつつ、この気持ちが伝わっていたらいいな…と世話をしていました。

弟と
呼んでちょうだい
お母さん

（青森・佐々木こう子）

ニャンコ

（佐々木こう子）

帰省した孫は、ニャンコが大好き。
仲良し2人の姿。ニャンコは孫より一つ下です。
（5、6年前に撮影）

ベッドより
あったかい場所
見つけたにゃ

（沖縄・わこりん）

猫カフェで寝そべっていると
この子が背中に乗ってきてウトウト。（わこりん）

食えぬ魚
狩りの仕方が
なっとらん
（神奈川・入り江わに）

お姫様四号

（入り江わに）

友人の猫「お姫様四号」です。ぬいぐるみを貢いでいるのが私です。

ポチなどと
変な名前を
つけやがり
（福島・白瀬白洞）

餌を持って行っても、いつも人間不信で歯をむき出す猫くん。ついたあだ名が「ポチ」でした。

ポチ

（白瀬白洞）

涼しいニャー
隣の家の
縁側は

（岡山・藤井智史）

時々、お隣の家の猫ちゃんがうちにやって来てくれます。私の家の縁側、屋根等によく出没します。我が家にも福を招いてくれているのかもしれません。

お隣の猫ちゃん

（藤井智史）

それ以上
近づいてきちゃ
ケガするぜ！

（沖縄・美ら小雪）

こまち

（美ら小雪）

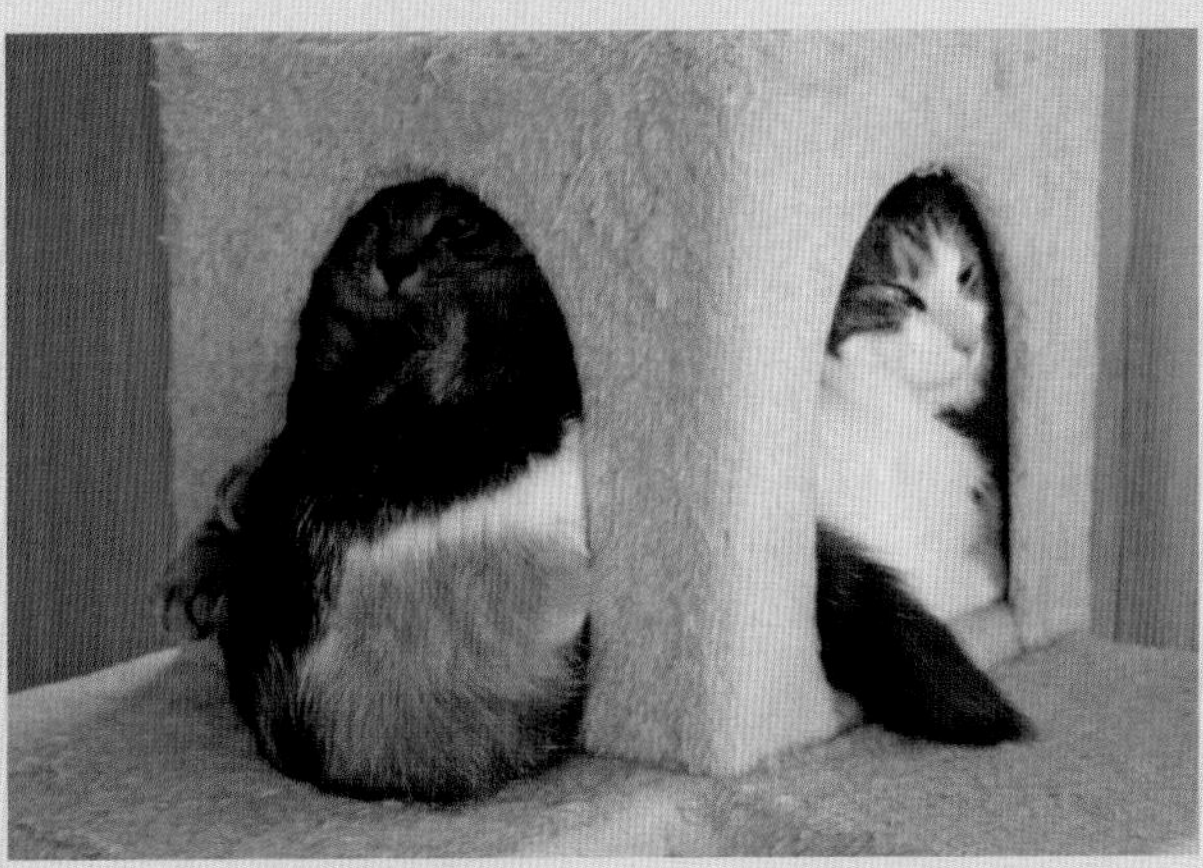

（沖縄・美ら小雪）

覇権争い
特等席は
俺のもの

（山形・さらさ）

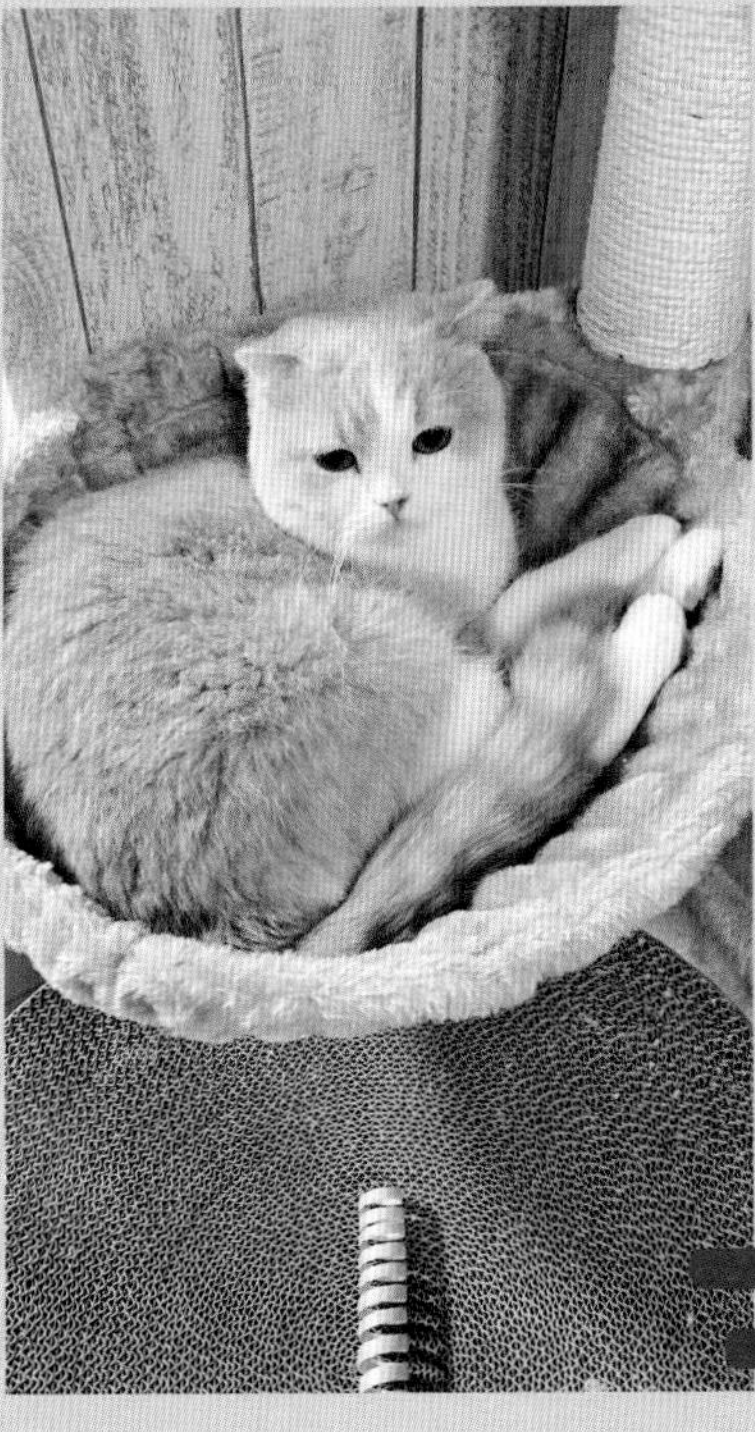

にゃにゃ

（あおい）

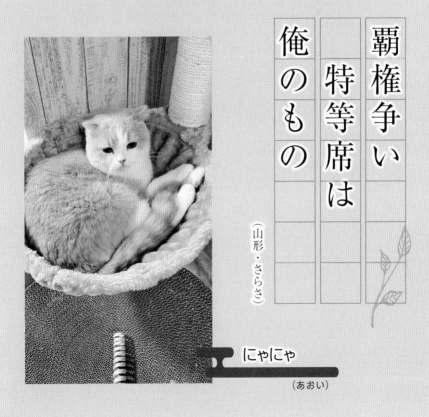

のぼっても のぼっても 猫パラダイス

（静岡・すかいうぉーかー）

にゃにゃ（上）
ノノ（下）

（あおい）

ニュッと出りゃ
飼い主いつも
飛び上がる

（京都・たまゆら）

ちょうど保護猫活動を始めた時に彼女に会いました♥
生体販売をやめるというペットサロンの最後の猫さん！　小さな箱の中で8か月も過ごしていたこの娘との出逢いから早7年です！

メル

（ゆかりん）

ただ窓から空を見ているところ。
ふだんから立つ姿勢が好きみたい。

ラテ

（ちえ）

寄り添って
ぬくぬくの幸
分け合って

（滋賀・山田紺）

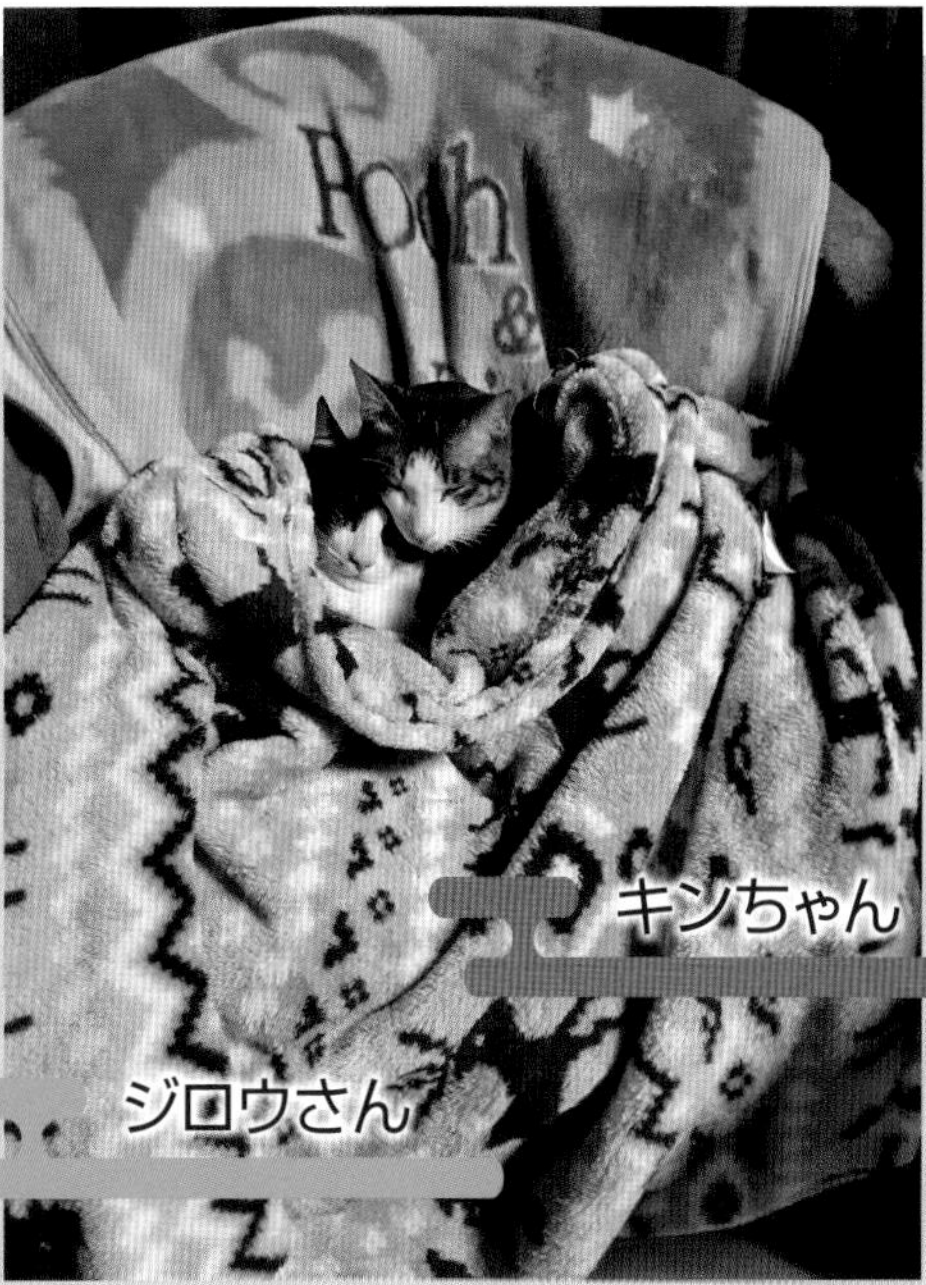

（橋口よしこ）

飼い主を
いつも見てます
要注意

（島根・猫の子れんれん）

（ちーちゃん）

猫と気球と

最近、気球を購入しようと思っていて、デザインしてもらいました。もちろんネコちゃんです。

ちなみに先日、乗せてもらった気球は、こんな感じです。

ネコドローン

空つながり(?)で、最近、ドローンを飛ばし始めたのですが、愛機に蒔絵でねこを書いて貰いました。

おキャットの上目遣いは武器になる

（さんさんさんば）

まりも

（えみごん）

不機嫌な猫から貰う猫パンチ

（大阪・北出北朗）

白ちゃん

（北出北朗）

ママがボクを北出家の玄関前へ置き去りにしたのはヨチヨチ歩きの頃。北出の母さんにご飯を貰って、それ以来、毎日通って大きく成れました。今では天国で母さんと遊びながら、父さんの来るのを待っています。

イケメンと言って欲しくてポーズとる

（愛知・位田仁美）

通い猫のコボちゃん、うち猫と網戸ごしに会話？しています。

コボちゃん

（位田仁美）

猫の手も電化ばかりでお呼びなし

（和歌山・丹治幸子）

公園猫で、名前はミーコとトンコととりあえず呼んでいます。

ミーコとトンコ

（丹治幸子）

母から聞いた“ねこ話”①

母によると昔、ねこは家で働いていたそうです。

学校から帰って「ねこは、どこ？」と聞くと「仕事中」。

蔵で働いてたそうです。そう、ネズミ退治！

そのため、「ねこ手」が不足していて子猫が生まれる前からねこを飼っている近所の人に予約してたとのこと。

娑婆は
こわかった
もうはなれない

（群馬・田島悦子）


2003年12月頃、家の近くの信号を2匹の子猫が行ったり来たりしていた。

2004年2月26日に捕獲器をしかけ不妊手術をしてそのまま私の家に連れて来た。

あれから8か月とてもよく慣れて賑やかに走り回ってる。一日中猫とおしゃべりしている私です。

ニャンコ（キジトラ）
お兄ちゃん（トラ猫）

（田島悦子）

ヴィニー

（イヅ）

とにかく人間が好きで人懐っこく初対面の人でも誰でも秒速でお腹を見せてなでてぇ～という表情でゴロゴロしています。とても甘えん坊さんなので四六時中うしろについてまわるし、常にそばにいてゴロゴロしています。

美猫からシュッと小顔の秘訣聞く

（高知・もふもふ堂）

電話とり
書類もチェック
おれエラい

（大阪・大野匡）

ムギュー

（タケ）

「せんりゅう猫」として会社の留守番隊長を務めています。
ムギュームギューとうなるのが名前の由来。16歳。

どんな箱にも
入れます
柔軟派

（愛知・白玉ロニエ）

キンちゃん
（橋口よしこ）

四輪ですが
これだって
猫車

（茨城・おすしが好き）

キジオ
（ゆかりん）

不幸体質？ ぽん太くん

ある日、ぽん太がゴミ箱の蓋のまるい穴に頭を突っ込んでしまって取れなくなった。まるでエリマキトカゲ。幸いゴミ箱が木製だったので壊してぽん太を救出した。

また別の日には家に泥棒が入った。幸い、目撃者はぽん太だけ。ぽん太にケガが無くてよかった。

じーさん

（みわちゃん）

主人が毎朝散歩に行く途中で出会うねこです。（みわちゃん）

良い眺め
頭頂部には
気をつけろ

（大阪・喜多美南）

（だーうぇ）

外猫のアンテナ
全方位に
ピピピ

（千葉・写楽）

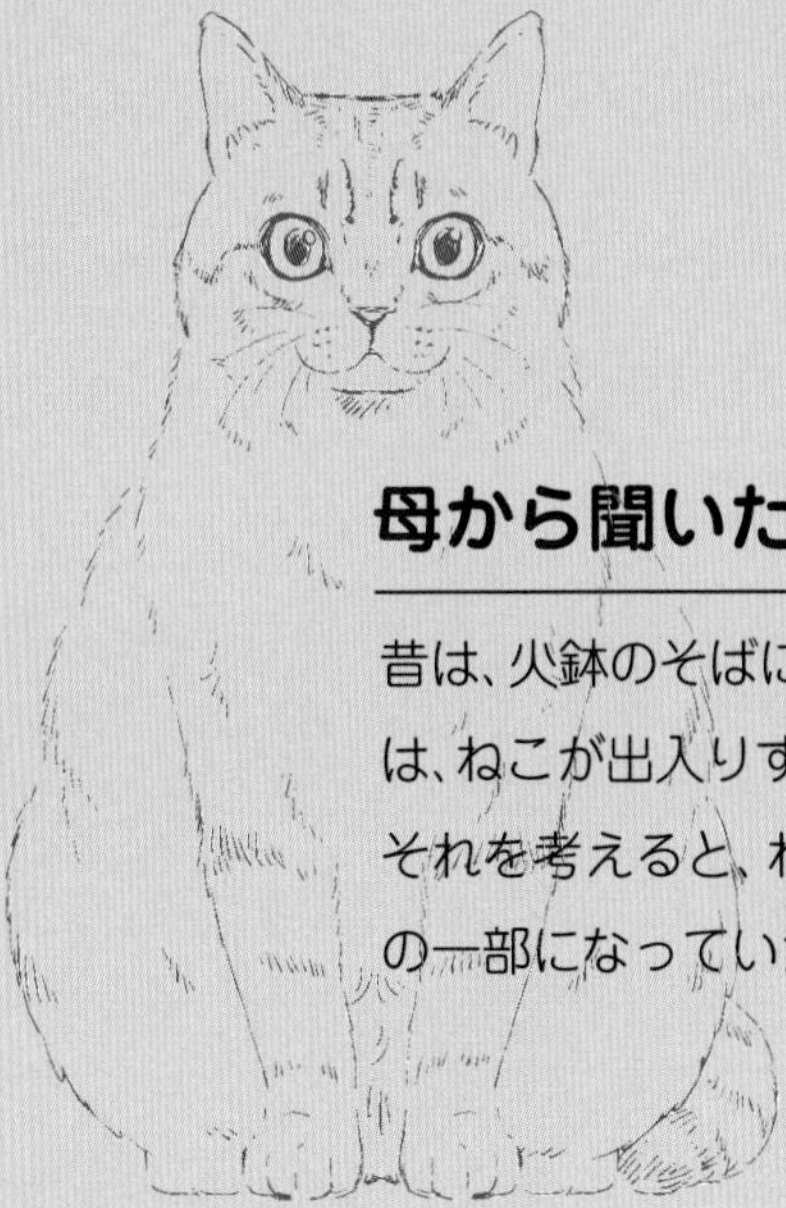

母から聞いた“ねこ話”②

昔は、火鉢のそばにはねこが座っていた。そして障子には、ねこが出入りするスペースが開いていた。
それを考えると、ねこと人は共存していて、ねこが生活の一部になっていたのではないかと思う。

一生懸命
おうちを
あたためる

（静岡・中前棋人）

アルとララ
（源太郎）

孫のうちにいたアルとララ。
（ノルウェージャンフォレストキャット）
15年ほど家族をあたため続けて逝きました。アルのあとを追うようにララも逝ってしまいました。この写真は孫の源太郎が撮って送ってくれたものです。
今も、居間に飾ってあります。

人ならば
きっとあなたは
テレビっ子

（京都・こんちくわ）

ちくわ
（こんちくわ）

我が家の猫ちくわ(15歳、去勢済)。臆病で外には一切興味なしですが、テレビは見ます。この前は相撲を見ていました。テレビの前に陣取るので「見えない！」「テレビが消しにくい」等クレームがきています笑

猫と犬
一触即発の
ドラマ

（栃木・チコるん）

てる

（千里）

真鱈《まだら》（上）／鮴《めばる》（下）

（まつ）

小さな頃、動物たちと

小さいころから動物に囲まれて育ちました。
犬、ねこ、アヒルなど。
動物を通して相手のことを考える、思いやる
という姿勢が身についたのでは？
学びは多かったと思います。

今宵また
パパの隣は
予約済み

（高知・もふもふ堂）

我が家のアイドルのミニチュアダックスフンドのチロちゃん。小さい赤ちゃんから12年を経て、おばあちゃんになりました。

飛び跳ねていた子供の頃と違って、今はお昼寝が趣味です。

小さい頃、リビングのケージの中で寝ることができなくて、寂しくてワンワン。仕方がないので、ソファで添い寝したのが始まり。今も誰かが添い寝しないとダメになってしましました。
主な添い寝担当のお父さんは、この12年、家で布団で寝たことはありません。

1人で留守番になるとわかると、玄関にまっしぐら、連れて行ってのアピール。
肉巻き骨をあげて、気を逸らせるも、加えたまま振り返った寂しそうな顔。
ごめんね。

チロ

（LoveChiro）

テーブルの上の鶏肉の骨を食べて、緊急開腹手術、乳がんで癌除去手術、と大病を乗り越えてきています。

おばあちゃんになったけど、写真のようにわたしゃ、明日に向かって生きるのよ！ と、言っております。

（LoveChiro）

あと少し
猫の開きが
できるまで

（岐阜・すっすー）

すず
（りょうこ）

蜜月は永遠《とわ》にと
ナイスカップル賞

（高知・もふもふ堂）

上がにゃじろう（オス）、下がふにゃふにゃ（メス）恋人？のようににゃじろうがふにゃふにゃを抱いて外をみています。

にゃじろう
ふにゃふにゃ

（東京・阿部友里子）

キャットサポーターをしている母からこんな子猫を保護したと写メが。それを見てひとめぼれ。2002年にオス（にゃじろう）を東京から名古屋までもらいに。2003年にまた保護したと写メが。それもひとめぼれ。また東京から滞在時間数時間でメス（ふにゃふにゃ）を。仲良しです。

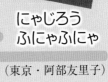

思いっきり
ママに甘える
夢の中

（神奈川・艶競）

道ばたで眠りこけていた子猫。母猫に抱きついておっぱいを吸っているようなかたちがなんともいじらしく可愛くて、しばらく目を離せなかった。（艶競）

ニャンちゃんに
今日も無視され
苦笑い

（岡山・上田真智子）

ニャンちゃん

（上田真智子）

近所の猫のニャン太君（60歳くらい）です。私（79）と息子（57）の友達ですがいつも無視されています。彼はヒモでくくられ散歩もヒモ付きです。飼い主の奥さん（50代くらい）とお互いに会話ができ、ネコ語、人の言葉がお互いに解るようです。

ボクのほうが人間ぽいと思う猫

（和歌山・柏原夕胡）

ごま男（2歳オス）

（柏原夕胡）

人間みたいにニャーニャーと何かを訴えてきます。人間の言葉をかなり理解している様子です。内弁慶だけど噛んだりしない、温厚なごま男です。

夫より猫に三度も起こされる

（埼玉・本山美和）

2代目ココア

（本山美和）

名前は2代目ココアといいます。女の子です。特技はイスに座る時ジャンプやお座り、と言うとそれをやります。返事もします。毎晩夜中に外へ出て行きたくて起こすので困ります。

あとがき

「株式会社伝統みらい　ねこ事業部」と申します。

伝統みらいは、京都の匠を中心に伝統工芸の方たちをサポートするためのプロジェクトとして15年前にたちあがりました。

①技能・技術継承部　②教材開発部　③イベント企画部　④商品開発部

⑤匠お助け部　⑥文化財保存推進部　に続く⑦番目（にゃにゃばんめ!?）の事業部として、ねこ事業部があります。

“日本の伝統工芸品を世界に広める”

日本には多くの伝統工芸品があります。特に京都にはその多くが集結しています。

伝統工芸品は、美しく感性に訴える物が多くありますが、そこにはそれを支える熟練した技術者による「ものづくり」があります。ものづくりを基礎に考えれば、現代の生活にマッチした、我々が欲しいというものを創り出せる可能性があります。

私たちは伝統産業の底力に感動していただき、そして、その感動を如何に世界の人に広めていくか、というアイデアを常に考えています。

その中で、昔から人々の生活に密接にかかわっているのが「ねこ」と気づき、ねこ×伝統をテーマにねこ事業部を立ち上げました。これまでも、ねこ×伝統の商品をいくつか開発しています。本書の場合は、ねこと文学、文芸という発想からスタートしました。

そのような折に専門雑誌『川柳マガジン』を発行されて約20年の新葉館出版様を知人にご紹介いただき、川柳とねこの写真を募集させていただきました。届いた川柳に爆笑したり、涙することもあったりと、これまで川柳とはご縁があまりなかったのですが、川柳を通して交流を図られている人たちがたいへん多いことを知りました。川柳と絵手紙を一緒に書かれている人や、最近驚いたのは夫婦の会話（ライン）をときどき川柳でやりとりされている方もおられるそうで、なんだかほっこりしてけんかしていてもすぐに仲直りできそうですし、豊かな教養や詩心が感じられました。川柳をきっかけにほんの小さな出来事も心に響いたり、まわりの季節ごとの景色をながめたり、絵に興味を持ったり…旅行の思い出として写真とともにそのときの自分の思いをしたためてもいいかもしれません。575の短いフレーズなのに、感謝、感動、感激などすべてを盛り込むことができます。

　掲載されなかったねこちゃんたちのためにも、第2弾を考えています。また、犬や他の動物たちのご希望も多数よせられているため、ワンちゃんでも考えています。

　それから、ねこちゃんたちに交じってワンちゃんがメインのページがあることにお気づきになられましたか？　このワンちゃんは、私の大学院時代の恩師の犬、チロです。学位を取得してからもお世話になっているため、ご協力を賜りました。

　最後に写真や川柳を投稿してくださったみなさん、新葉館出版様と猫好きに育ててくれた両親に感謝いたします。

　この本を通じて皆さんが少しでも日本文化に興味を持ち、ほっこりされることを願っております。

　そして伝統工芸を通して世界に羽ばたく日本を目指して。ねこちゃんと共に――！

株式会社伝統みらい　ねこ事業部

おおたともこ

株式会社伝統みらい・ねこ事業部から、
［大和言葉を話すネコ］
LINEスタンプ好評発売中！
たおやかにゃんこになりましょう。

猫ぎゅうぎゅう詰め川柳

○

令和5年1月19日　初版発行

監　修
株式会社伝統みらい
ねこ事業部

発行人
松　岡　恭　子

発行所
新　葉　館　出　版
大阪市東成区玉津1丁目9-16 4F　〒537-0023
TEL06-4259-3777　FAX06-4259-3888
http://shinyokan.ne.jp/

印刷所
第一印刷

○

定価はカバーに表示してあります。
©Ota Tomoko Printed in Japan 2023
無断転載・複製を禁じます。
ISBN978-4-8237-1082-7